核与辐射安全科普系列丛书之八

核与辐射安全监管

环境保护部核与辐射安全中心　编著

中国原子能出版社

图书在版编目（CIP）数据

核与辐射安全监管 / 环境保护部核与辐射安全中心编著 .
— 北京 : 中国原子能出版社 , 2015.12
（核与辐射安全科普系列丛书）
ISBN 978-7-5022-7035-3

Ⅰ . ①核… Ⅱ . ①环… Ⅲ . ①核设施 – 辐射监测 – 普
及读物 Ⅳ . ① TL75-49

中国版本图书馆 CIP 数据核字 (2015) 第 315575 号

核与辐射安全监管（核与辐射安全科普系列丛书）

出版发行	中国原子能出版社（北京市海淀区阜成路 43 号 100048）
策划编辑	付 凯
责任编辑	王 朋
装帧设计	井晓明 赵 杰
责任校对	冯莲凤
责任印刷	潘玉玲
印 刷	北京新华印刷有限公司
经 销	全国新华书店
开 本	710 mm × 1000 mm 1/16
印 张	3.5
字 数	69 千字
版 次	2015 年 12 月第 1 版 2017 年 10 月第 2 次印刷
书 号	ISBN 978-7-5022-7035-3 定 价 22.00 元

订购电话：010-68452845

《核与辐射安全科普系列丛书》编委会

《核与辐射安全监管》编写人员

主　编

张庆华

编　委

曹亚丽　孙　锋　吴晓燕　程建秀　杨海峰

总　序

日本福岛核事故后，核电的安全性再一次在全球范围内引起广泛关注，但大多数公众对核能的认知还是停留在事故和灾难的阴影中。核电的社会接受度问题成为核能发展的重要瓶颈。就我国而言，还存在着公众对核与辐射知识匮乏，科普工作较为滞后，公众参与程度较低，信息公开透明程度不够，有效的信息反馈机制缺失等问题。因此，创新和完善核与辐射安全科普宣传体系和手段，提升核与辐射安全科普宣传实效，是提升国民科学素养，营造核电良好外部发展环境，提高公众对核电发展的接受度的有效途径，对促进核电事业安全高效发展具有重要意义。

为普及核与辐射安全知识，增强科普培训的针对性和有效性，国家核安全局核设施安全监管司委托环境保护部核与辐射安全中心制作针对不同对象的包括多媒体演示课件和配套文字资料的科普培训系列材料。经项目组多次讨论研究，目前该系列材料分为核能、核电、核燃料循环辐射环境影响和管理、核燃料循环、辐射防护、核技术利用、电磁辐射、核与辐射安全监管和核与辐射应急九篇，后续将根据需求进行续编。

本培训材料编写的目的，首先是让普通公众喜爱看，然后是看得懂，最后达到信任的目的，这是编写过程中一以贯之的理念。为保证科学性（写准），实用性（针对性），趣味性（喜闻乐见），编写过程中力求通过“三化”，即“专业化、通俗化、图示化”来实现上述“三性”。此外还要注意处理好专业与通俗，全面与片面，严肃与活泼，风险与利益，编写人的认知与公众的认知的平衡；同时结合时事热点，收集网络上错误的观点，通过反面问题来说明；尝试在编写中体现艺术感，具有一定的审美意识，表达核安全文化的人文关怀，这是更高一层的要求。

核能发展，科普先行，只有让更多的人走近核能、了解核能、信任核能——这一高效、清洁的非碳能源，核能才能实现高效安全的健康发展。

由于时间仓促，加之编写组实践经验和认识水平有限，难免有错误或不当之处，衷心盼望有关专家和广大读者不吝赐教，提出宝贵意见，以便改正。

《核与辐射安全科普系列丛书》编委会

2015年12月10日

序　一

随着文明的发展，人类在环境和能源问题上面临重大挑战，寻求清洁、高效、可靠的新能源势在必行。2015年联合国发展峰会上，中国发出了“探讨构建全球能源互联网，推动以清洁和绿色方式满足全球电力需求”的倡议，阐明了中国发展清洁能源的立场。为应对能源形势的新挑战，我国“十三五”规划中将能源结构调整作为下一阶段发展的主要着力点。积极推进能源供给侧改革，必须倚重清洁能源技术。核电作为清洁能源中一种成熟的基础能源，在改革进程中必将发挥重要作用。

积极推进核电建设不仅是我国重要的能源战略，也是国家“一带一路”和“走出去”战略的客观需求。近年来，我国风电、水电、太阳能等清洁能源和可再生能源获得突飞猛进的发展，但核电装机总量却仍处于低位。目前我国在运核电装机容量仅占电力总装机容量的2%左右，而一些发达国家则远高于此。如核电占比世界第一的法国，其核电装机容量占比高达77.7%，韩国为34.6%，俄罗斯为18%，美国将近20%。即便顺利实现规划目标——到2020年，我国在运在建核电总装机容量达到8 800万千瓦，其在我国能源总规模中占比仍然不大。为此，必须积极推进核电的安全高效发展。

我国运行核电机组安全业绩良好，迄今未发生国际核事件分级（INES）2级及其以上的运行事件，运行指标普遍处于世界核电运营者协会（WANO）中值以上，核设施周边环境辐射水平处于正常范围，核电厂的核辐射安全都处于受控状态。即便如此，仍然有许多公众对核与辐射安全不够了解，甚至存有误解。自日本福岛事故以来，人们似乎谈“核”色变，一方面斥责火电高能耗、高污染，一方面对核电的安全性存在顾虑。与此同时，国家对维护公众在重大项目中的知情权、参与权和监督权也愈加重视，公众意见已成为核能及相关项目能否落地的决定性因素之一。多方因素表明，核与辐射安全相关的科普宣传及与公众的沟通亟待加强。

《核与辐射安全科普系列丛书》首次从监管的视角，立足于核与辐射安全，从多个角度较为系统、全面地介绍了核能利用及其监管、核与辐射安全相关知识。系列丛书分为核能、核电、核燃料循环辐射环境影响和管理、核燃料循环、辐射防护、核技术利用、电磁辐射、核与辐射安全监管以及核与辐射应急等九个部分，丛书坚持以科学性为本，兼顾趣味性和通俗性，图文并茂，深入浅出。语言、示例贴近生活，形象又不失准确；数据、结论来源权威，审慎且不失活泼。为大家了解核能、核技术及核与辐射安全提供了一套较为容易“读懂”的读物。

写一套好的科普读物并非易事，好的科普书在于唤起公众的兴趣、提升人文情怀和传播正能量，相信这套丛书将把核电的安全和环保介绍给公众，更促进我国核电的安全高效发展。同时希望读者多提宝贵意见和建议，以便及时修订完善。最后，衷心感谢编者们为我国核能利用发展、公众沟通和环境保护所做的努力和贡献。

序　二

正处在工业化、城镇化发展阶段的中国，在追求经济发展同时也肩负生态文明建设的艰巨任务，可靠、稳定、安全、清洁、低碳的电力供应是国家经济发展和生活稳定的必要条件。面对环境治理和气候变化的挑战，安全、高效地发展核电是中国走向能源清洁化、低碳化的重要选择。核能利用，是一种大规模产生能源的方式，神奇但是并不神秘，如果管理得当，它将为我们带来巨大的社会效益。然而，就在我国意在大力发展核电的同时，却遭遇到了重重阻力。2016年4月1日，习近平在第四届华盛顿核安全峰会上的讲话中说，“学术界和公众树立核安全意识同样重要。我们还要做好核安全知识普及，增进公众对核安全的理解和重视。”国家核安全局局长李干杰曾指出，目前核电发展面临的最大的问题、最大的约束和瓶颈，不是技术问题，而是公众沟通、公众可接受度的问题。

公众对核与辐射安全的接受度与其对核与辐射安全的认知、态度、行为有着极其重要的关系。改变及提升公众的认知、态度、行为，必须开展行之有效的公众沟通工作，而科普宣传则是公众沟通工作中重要的一环。核与辐射事件和事故作为当前重要的突发环境事件，如果处置不当，就可能引发远超事故本身影响范围的社会公共事件，科普宣传开展的好坏直接影响涉及或参与事件人的反应，成为影响事件应对好坏的关键所在。比如2009年河南杞县的卡源事件最终演变为大规模的公众恐慌事件，究其主要原因是公众对放射源知识的缺乏。我国虽然很早就开展了核能和核技术开发利用工作，但长期以来对核与辐射安全文化的宣传和培育不足，大多数人的核与辐射知识十分匮乏，加上一些不恰当的宣传和误导，给核科学技术蒙上了一层神秘的面纱，公众对于核与辐射极度敏感，谈核色变。

《核与辐射安全科普系列丛书》从核能、核电、核燃料循环辐射环境影响和管理、核燃料循环、辐射防护、核技术利用、电磁辐射、核与辐射安全监管以及核与辐射应急九个方面，用尽可能通俗易懂的语言全面、系统地将核能与核技术利用的方方面面进行了讲解。

当然，由于在专业性和通俗性的统一上，存在一定的难度，该系列丛书难免会有一些瑕疵和不足，但是编者们在核与辐射安全知识科普工作中表现出的社会责任感和探索精神值得尊崇。且这类科普读物正是目前我国核电发展和社会公众所急需的，希望大家通过阅读这套丛书，既能认识到核能和核技术造福人类的巨大价值，同时也能正确理解核与辐射对环境和人类的影响及其潜在危害性，增强理性应对涉核事件事故的能力，促进核能与核技术更好地造福于人类。

潘自强

前　言

本篇共分五部分，分别介绍了我国核与辐射安全现状、国际核与辐射安全监管实践、我国核与辐射安全监管实践、我国核与辐射安全监管的核心工作过程以及展望。

第一章我国核与辐射安全现状，通过回顾我国核能与核技术利用事业的发展，引出我国核与辐射安全现状，一是核安全保障体系渐趋完善，二是核安全水平不断提高，三是放射性污染防治稳步推进，并从核设施、核技术利用和辐射环境三个方面具体地说明我国核与辐射安全现状。

第二章国际核与辐射安全监管实践，主要阐述对核能、核技术利用实施独立监管是国际通行作法，也是相关国际公约的要求。具体给出了独立监管的定义，以及《核安全公约》、《乏燃料与放射性废物安全管理联合公约》、国际原子能机构《基本安全原则》和《促进安全的政府、法律和政府监管框架》对独立监管的要求，并简要介绍了美国、法国和俄罗斯的监管情况。

第三章我国核与辐射安全监管实践，介绍了我国核与辐射安全监管的发展历程，核与辐射安全监管的组织机构和职责，“审评、审批、监督”三位一体的核安全监管体系，全过程、全方位、分阶段的监管模式，并以核电厂和辐射安全管理为例具体说明监管实践。

第四章我国核与辐射安全监管的核心工作过程，介绍了六个核心工作过程，包括：法规标准与政策规划的制定，核与辐射安全审评和许可，核与辐射安全监督和执法，核与辐射安全建设项目环境影响评价，核与辐射事故应急及辐射环境监测，核与辐射安全重要人员资质管理。

第五章展望。主要分三部分展开，一是通过介绍我国能源发展战略和核电发展规划，引出中国核安全观及其内涵。二是提升能力夯实四块基石，强化手段着力构筑核安全监管八项支撑，构建核安全监管大厦，并以此作为实现监管体系和监管能力两个现代化的基础。三是核安全是实现生态文明的有力支点，安全发展核能是“四个全面”战略布局的有力支撑。

本书由张庆华主编，曹亚丽、孙锋、吴晓燕、程建秀、杨海峰参与编写。其中第一章由吴晓燕、杨海峰执笔；第二章由杨海峰、吴晓燕执笔；第三章由孙峰、张庆华执笔；第四章由张庆华、程建秀执笔；第五章由张庆华、曹亚丽执笔。

目　录

第一章
我国核与辐射安全现状

半个多世纪以来，我国核能与核技术利用事业稳步发展。目前，我国已经形成较为完整的核工业体系，核能在优化能源结构、保障能源安全、促进污染减排和应对气候变化等方面发挥了重要作用；核技术在工业、农业、国防、医疗和科研等领域得到广泛应用，有力地推动了经济社会发展。核安全是核能与核技术利用事业发展的生命线。我国核能与核技术利用始终坚持“安全第一、质量第一”的根本方针，贯彻纵深防御等安全理念，采取有效措施，保障了核安全。核安全与放射性污染防治取得积极进展。

第一节　核安全保障体系渐趋完善

在深入总结国内外经验和教训的基础上，参考国际原子能机构和核能先进国家有关安全标准，我国已基本建立了覆盖各类核设施和核活动的核安全法规标准体系。2003年以来，先后颁布并实施了《中华人民共和国放射性污染防治法》《放射性同位素与射线装置安全和防护条例》《民用核安全设备监督管理条例》《放射性物品运输安全管理条例》和《放射性废物安全管理条例》，制定了一系列部门规章、导则和标准等文件，为保障核安全奠定了良好基础。初步形成了以营运单位、集团公司、行业主管部门和核安全监管部门为主的核安全管理体系，以及由国家、省、营运单位构成的核电厂核事故应急三级管理体系。核安全文化建设不断深入，专业人才队伍配置渐趋齐全，质量保证体系不断完善。核安全监管部门审评和监督能力逐步提高，运行核电厂及周边环境辐射监测网络基本建立。在汶川地震等重特大灾害应急抢险中，我国政府决策果断、行动高效，有效化解了次生自然灾害带来的核安全风险，核安全保障体系发挥了重大作用。

第二节　核安全水平不断提高

我国核电厂采用国际通行标准，按照纵深防御的理念进行设计、建造和运行，具有较高的安全水平。在核设施方面，截至2015年3月，我国23台运行核电机组、所有运行研究堆和核燃料循环设施安全业绩良好，未发生过影响环境或公众健康的事故，气态和液态流出物排放远低于国家标准限值。在建的25台核电机组质量保证体系运转有效，工程建造技术水平与国际保持同步。大型先进压水堆和高温气冷堆核电厂科技重大专项工作有序推进。2011年实施的核设施综合安全检查结果表明，我国运行和在建核电机组基本满足我国现行核安全法规和国际原子能机构最新标准的要求，安全和质量是有保障的。研究堆安全整改活动持续开展，现有研究堆处于安全运行或安全停闭状态。核燃料生产、加工、贮存和后处理设施保持安全运行，未发生过影响环境或公众健康的核临界事故和运输安全事故。核材料管制体系有效。在核技术利用方面，全国核技术利用项目整体处于安全受控状态。全国放射源已全部纳入许可管理，地方单位由国家、省、市、县四级环保部门分别负责监管；军队核技术利用单位由解放军环境保护部门负责监管。放射源实施全过程管控，辐照装置防卡源专项整治工作取得成效，安全管理水平逐步提高，辐射安全水平稳步提升。放射源事故年发生率从20世纪90年代的6起/万枚下降到目前的1起/万枚左右。我国环境辐射水平保持在天然本底涨落范围内，公众健康与环境安全得到有效保障。核安全设备的设计、制造、安装和无损检验活动全面纳入核安全监管，设备质量和可靠性不断提高。

第三节　放射性污染防治稳步推进

近年来，国家不断加大放射性污染防治力度，早期核设施退役和历史遗留放射性废物治理稳步推进。多个微堆及放化实验室的退役已经完成。一批中、低放废物处理设施已建成。2座中、低放废物处置场已投入运行，1座中、低放废物处置场开始建设。完成一批铀矿地质勘探、矿冶设施的退役及环境整治项目，尾矿库垮坝事故风险降低，污染得到控制，环境质量得到改善。废旧放射源得到及时回收，一批老旧辐照装置完成退役。国家废放射源集中贮存库及各省（区、市）放射性废物暂存库基本建成。全国辐射环境质量良好，辐射水平保持在天然本底涨落范围；从业人员平均辐照剂量远低于国家限值。

第二章 国际核与辐射安全监管实践

从全球核能利用发展中的几次严重事故可以看出，核事故具有高度的社会敏感性和广泛的影响性，以及对后果处理的艰巨性和难以恢复性等特点。对核能、核技术实施独立监管是国际通行做法，也是相关国际公约和国内法规的要求。

第一节　独立监管的定义

独立监管，是指核安全监管机构独立作出安全决定，不受其他任何组织机构的干涉，当出现涉及核安全与核技术相关的重大风险时，其他利益相关者必须服从核安全监管机构独立和专业的判断。

第二节　独立监管是国际通行做法

《核安全公约》（1994年）第8条规定："所有缔约方都应采取适当步骤确保将监管机构的职能与参与促进或利用核能的任何其他机构或组织的职能有效地分开。"

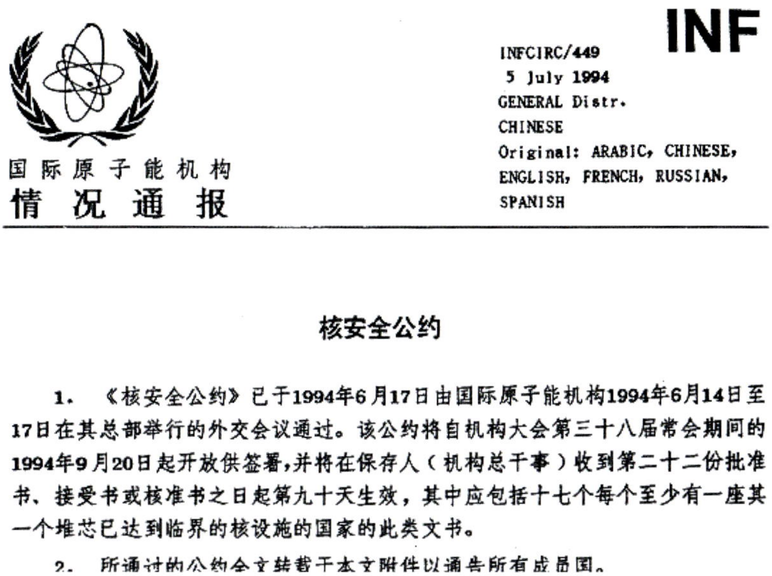

国际原子能机构
情况通报

INFCIRC/449
5 July 1994
GENERAL Distr.
CHINESE
Original: ARABIC, CHINESE, ENGLISH, FRENCH, RUSSIAN, SPANISH

INF

核安全公约

1. 《核安全公约》已于1994年6月17日由国际原子能机构1994年6月14日至17日在其总部举行的外交会议通过。该公约将自机构大会第三十八届常会期间的1994年9月20日起开放供签署，并将在保存人（机构总干事）收到第二十二份批准书、接受书或核准书之日起第九十天生效，其中应包括十七个每个至少有一座其一个堆芯已达到临界的核设施的国家的此类文书。

2. 所通过的公约全文转载于本文附件以通告所有成员国。

图2-1　国际原子能机构《核安全公约》

《乏燃料与放射性废物安全管理联合公约》（1997）第20条规定：“所有缔约方都应依据其立法和监管体系采取适当步骤，以确保在几个组织同时参与乏燃料或放射性废物管理和控制的情况下监管职能有效地独立于其他职能。”

国际原子能机构的《安全标准丛书》中《基本安全原则》要求：“各国要将建立独立监管机构作为政府的一项职责，并要求监管机构必须具备履行职责所需的充分的法律授权、技术和管理能力以及人力和财力，独立于许可证持有者和任何其他机构，从而避免承担来自利益相关方的任何不当干涉。”

图2-2 国际原子能机构《基本安全原则》

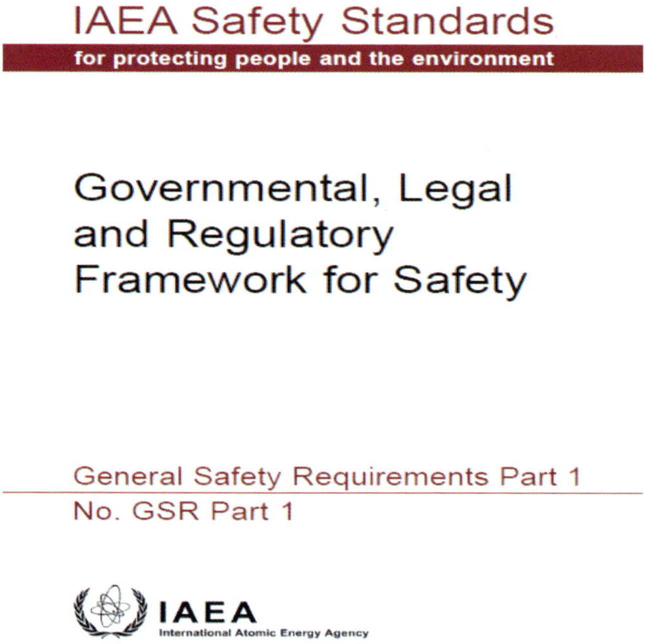

图2-3 国际原子能机构《促进安全的政府、法律和政府监管框架》

此外，国际原子能机构通用安全标准文件——《促进安全的政府、法律和政府监管框架》要求：“政府必须确保监管机构在相关安全决策上的独立性，并确保监管机构与相关实体（拥有可能干涉其决策之职责或利益的实体）在职能上相分离。该文件同时指出，独立监管并非要求监管机构与其他政府机构完全分离，只要确保监管机构能够根据其监管职责作出决定，并在没有不当压力（或制约）的情况下履行其职责，而拥有充分的授权、充足的工作人员和履行其职责所需的充分的财力，是确保其实现有效独立的条件。”

第三节　其他国家的监管实践

各国制定的核安全法律文件也对独立监管原则作出了规定。以美国和法国这两个核能领域最具代表性和参考性的国家为例，美国将核管会置于国会之下，独立于美国政府管理部门，负责对核电项目审批、监督、核发许可证。美国政府的能源部（DOE）、环保署（EPA）、美国联邦电力监管委员会（FERC）与核监管委员会相互独立并行。

法国的核安全监督机构也与核电厂运营单位的职能完全分开。法国的核电监管几乎与其核电工业的发展同时起步。2002年，法国在原有的基础上重组了核安全与辐射防护总局，负责核安全与辐射防护监管政策的制定和实施。

俄罗斯的《联邦原子能法》（1995年）第24条规定：“原子能利用安全的国家监管由联邦行政机关，即核、放射、技术与消防安全监督的国家安全监督机关行使。这些机关独立于其他国家机关，也独立于原子能利用活动有关的组织。国家安全监督机关的活动开支由联邦预算经费支付。”

第三章

我国核与辐射安全监管实践

第一节　监管发展历程

我国核安全监管的历史可以一直追溯至核工业的开始。我国原子能事业自20世纪50年代起步于核军工，最早由中华人民共和国第二机械工业部(后更名为中华人民共和国核工业部，以下简称“核工业部”)负责实施核安全监管。我国核工业发展多年来安全状况总体良好。核工业部积累的宝贵经验和培养的人才队伍为国家核安全局的创立打下了坚实的基础。改革开放后，核能的和平开发利用被提上我国的议事日程，建立独立核安全监管的必要性也逐渐成为共识。

核工业部在内部监督过程中曾制定了一部分规章制度,但总体上尚未形成体系。同样,在政府机构设置方面,我国尚没有一个能够代表国家、独立于核能发展部门的核安全监管机构,尤其我国核电项目的发展需要独立的核安全监管,因此成立独立的核安全监管机构势在必行。为了保证和促进我国核能事业安全、顺利地发展，1984年由国家科学技术委员会(为科学技术部前身)设国家核安全局。国家核安全局的发展历程包括以下阶段：

一、起步探索阶段

第一个阶段是1984—1998年，为“起步探索”阶段。1984年7月2日，国家核安全局正式成立,由国家科委代管。在国家科委的管理下，上海、广东、成都和北方核安全监督站相继设立，北京核安全中心、苏州核安全中心、核二院北京核安全审评中心、机械院核设备安全与可靠性技术研究中心等技术支持单位陆续建成，局机关、派出机构和技术支持单位“三位一体”的组织体系雏形开始形成。立法先行，出台了《民用核设施安全监督管理条例》，开始建立与国际接轨并符合我国国情的法规标准体系。依法行政，建立和实施了核安全许可证制度、监督检查制度等基本监管制度。

二、整合提高阶段

第二个阶段是1998—2008年，为“整合提高”阶段。1998年国家政府机构改革，国家环保局升格为国家环保总局，同时将原隶属国家科委的国家核安全局整建制并入国家环保总局。于2003年整合了原由卫生部门承担的核技术利用项目辐射安全监管职能，监管职能得到扩充。法规标准体系更加完善，《中华人民共和国放射性污染防治法》颁布实施，《放射性同位素与射线装置安全和防护条例》《民用核安全设备监督管理条例》等一系列法规修订发布。在此期间，中国的核安全监管组织体系更趋健全，设立了六个地区监督站，形成了覆盖全国的核与辐射安全监督总体格局；环境保护部核与辐射安全中心、环境保护部辐射环境监测技术中心等技术支持机构陆续增编或升格，技术力量显著增强，还形成了包括中国辐射防护研究院、中国原子能科学研究院、清华大学等十多所科研院所及高校在内的长期稳定的技术支持队伍。

三、快速发展阶段

第三个阶段自2008年至今，为“快速发展”阶段。2008年，环境保护总局升格为环境保护部，并保留国家核安全局牌子。2011年，国家核安全局业务职能部门从一个司扩充为三个司，核安全监管机构建设实现重大进展，机构得到扩大，新增了输变电设施的环境影响评价管理职能，同时强化了职能部门之间的综合协调以及对地方环保部门的业务督查职能。队伍继续壮大，中央本级“三司、六站、两中心”人员编制达到1 116人。立法工作稳步推进，法规体系更趋完善，《放射性物品运输安全管理条例》《放射性废物安全管理条例》颁布实施，《核安全法》立法工作取得突破，被全国人大常务委员会列为立法规划二类项目。《核安全与放射性污染防治“十二五”规划及2020年远景目标》发布并逐步落实。

第二节　监管机构

我国建立了既与国际接轨，又符合中国国情的核与辐射安全监管体系，核安全监管机构为环境保护部（国家核安全局），独立行使核安全监管职能，主要负责核安全、辐射安全与辐射环境的监督管理，拟定相关的政策、规划、法规标准，并组织实施。此外，国家能源局主要负责核电的发展，是核电的行业主管部门。国防科技工业局主要负责除核电以外的核工业的发展，是核工业的主管部门。

国家核安全局由局机关、六个地区核与辐射安全监督站和技术支持单位组成。局机关业务部门由三个业务司与一个国际合作处组成。

核与辐射安全监管一司：主要负责三个业务司的综合协调；开展政策、规划、法规标准与科研、应急管理与辐射监测、人员资质、核安全设备管理等工作。

核与辐射安全监管二司负责核电厂、研究型反应堆、临界装置等核设施的核安全、辐射安全、辐射环境保护的行政许可和监督检查。

核与辐射安全监管三司负责核燃料循环设施与核材料运输安全、放射性废物管理、辐射源安全、铀矿冶与电磁辐射的管理。

六个地区核与辐射安全监督站分别是华东、华南、西南、华北、东北和西北核与辐射安全监督站。

技术支持单位包括环境保护部核与辐射安全中心、环境保护部辐射环境监测技术中心、苏州核安全中心、核设备安全与可靠性中心和北京核安全审评中心等。

环境保护部（国家核安全局）还业务指导31个省级环保部门开展辐射安全监管和辐射环境监测等相关工作，同时设立了核安全与环境专家委员会作为国家核安全局的决策咨询机构。

第三节 监管模式

一、“审批、监督、审评”三位一体的核安全监管体系

目前中国已经基本建立了独立、有效、权威、“审批、监督、审评”三位一体的核安全监管体系。监管手段包括核设施安全许可证制

度、核安全监督制度和核安全报告制度，并通过技术审评、技术验证、行政许可、现场监督等措施，对许可证持有者的核安全活动实施监督管理。

在法律体系建设方面，我国完全参考国际上最新安全标准，形成一套完善的法规标准体系。我国的核与辐射安全法规体系由法律、行政法规、导则、以及技术文件组成，覆盖了核与辐射安全相关的所有领域，为监管工作提供了准绳。《核安全法》已列入全国人大立法规划，由人大牵头，起草工作正积极推进。

国家核安全局依法对核电厂实施全过程、全方位、分阶段的监管，分别对选址、建造、运行、退役等不同阶段进行审评。

业主需要向国家核安全局提供安全分析报告等相关文件，说明满足核安全法规标准要求，并书面回答审评问题，其中涉及的数据都必须有实验结果或详细的计算结果等进行佐证。安全分析报告经审评通过后，国家核安全局将颁发厂址选择审查意见书、建造许可证、首次装料批准书、运行许可证或退役批准书等不同许可证件。在取得相应许可证件之前，业主不得开展下一步工作。

二、全过程、全方位控制的核与辐射安全监督

核与辐射安全监督实现全过程、全方位控制，国家核安全局六个地区监督站对核电厂的建造质量、设备制造质量、人员资质、运行安全等进行日常、例行和非例行核与辐射安全监督，保证对核电厂实施有效的监督。

以核电厂为例，国家核安全局通过对核电厂的放射性排放和周围

环境的监督性监测，监督核电厂运行对环境的影响。还通过建立应急体系，减轻一旦发生事故的后果，以达到保护环境和公众健康的目的。

针对核技术利用、电磁辐射、伴生放射性矿等辐射安全管理工作，我国建立了国家和省两级审批，国家、省、市和县四级管理的监管模式，各级环保部门以环境影响评价和辐射安全许可为切入点，不断加强监管，确保了辐射环境安全。

第四章

我国核与辐射安全监管的核心工作过程

第一节　法规标准与政策规划的制定

一、工作依据和职责分工

核与辐射安全法规标准与政策规划是开展各项监管工作的基础。根据国家相关法律法规要求和国务院政府部门职能分工，环境保护部（国家核安全局）负责拟定核安全、辐射安全、电磁辐射、辐射环境保护、核与辐射事故应急有关的政策、规划、法律、行政法规、部门规章、制度、标准和规范，并组织实施。

二、基本原则和要求

核与辐射安全法规标准及政策规划的制定要坚持系统、科学、公开、透明、严谨、法制的总原则，既充分吸取国际先进经验，保证法规内容始终与国际最新安全标准保持一致，又要保证我国法规体系结构和内容完整、稳定、连续、自洽，并相互协调，充分体现我国核安全监管的实际需求和实践经验，提高可操作性。

法律的制修订须列入全国人大的立法计划，其草案及编写说明提交全国人大或全国人大常委会审议和表决通过；管理条例的制修订须列入国务院的立法计划，提交国务院法制办审查，由国务院审议和表决通过；部门规章的制修订须列入环境保护部（国家核安全局）的立法计划，提交部委会议审议通过。

第二节 核与辐射安全审评和许可

一、工作依据和职责分工

环境保护部（国家核安全局）各部门和单位根据相关核安全法律法规的要求，对其负责的核设施/核活动策划并组织实施安全审评和许可活动：

核与辐射安全监管一司：负责核材料管制的核准和核安全设备设计、制造、安装和无损检验活动的安全审评和许可，及安全重要人员资质管理；

核与辐射安全监管二司：负责核电厂、研究型反应堆、临界装置等核设施的核安全、辐射安全、辐射环境保护的安全审评与许可；

核与辐射安全监管三司：负责核燃料循环设施、放射性废物处理和处置设施、核设施退役项目、核技术利用项目、铀（钍）矿和伴生放射性矿、电磁辐射装置和设施、放射性物品运输的核安全、辐射安全和辐射环境保护的安全审评和许可。

安全审评任务的具体实施主要由内外部技术支持单位承担。核与辐射安全中心全面承担各项目的审评任务，并接受业务司的指导和监督。对重要项目，指定外部技术支持单位开展平行安全审评，以确保审评结论的适宜性和正确性。

二、安全审评的目的

安全审评旨在确定许可证申请者所提交文件资料是否符合国家核安全法规标准的要求，是否有足够的安全措施保障厂区人员、公众和环境免遭过量辐射危害。核与辐射安全审评是核设施/核活动许可制度的技术基础。只有在通过安全审评之后，环境保护部（国家核安全局）方可颁发许可证件，允许持证单位依法开展相关活动。

环境保护部（国家核安全局）依据核与辐射安全相关法规标准要求，组织技术支持单位对核设施/核活动单位提交的申请资料做全面的审查和评定，以确认：

核设施/核活动与安全目标、原则和准则相符；

营运者所提交资料里的信息是准确的，能证明设施或活动是安全的，满足监管要求；

技术上的解决方案，尤其是新的解决方案，经过检查或试验或两者的证明或考核，能达到所要求的安全水平。

三、主要工作内容

环境保护部（国家核安全局）各部门和单位要开展以下工作，以确保安全审评工作的有效实施：

制定和有效实施各类核设施/核活动的安全审评大纲和工作程序，受理许可申请，获取所需资源，对审评材料进行形审，组织实施技术审评，编制相应的审评和许可文件。

与被评审方开展坦诚沟通和对话，澄清不明确事项，回答和解决审评中提出的问题。必要时开展现场调研、专题研讨、专项研究或独立的审核校算。

对安全审评人员开展专业知识和审评技术的业务培训，使之具备所审评领域的知识、经验和能力，并对其工作绩效进行定期评价。

对审评过程和审评质量进行监督控制，对外部技术支持单位和外部专家的独立性和审评质量进行定期评价。

四、许可事项的类别

（一）核设施许可事项

根据《中华人民共和国民用核设施监督管理条例》的规定，国家对民用核设施，包括核动力厂、研究堆与临界装置、核燃料循环设施以及放射性废物处置设施等，实施许可证制度，核设施营运单位领取有关许可证或批准文件后，方可进行相应的建造、装料、运行、退役等活动。

核电厂许可证种类包括：核电厂建造许可证；核电厂首次装料批准

书；核电厂运行许可证；核电厂退役申请批准书；操纵员执照、高级操纵员执照；其他需审查批准的文件等。

研究堆与临界装置及其他民用核设施的安全许可证与核电厂许可证种类基本类似，研究堆与临界装置增加了运行许可证换证审批和超设计寿期运行许可证审批。

（二）核技术利用许可事项

根据《中华人民共和国放射性污染防治法》和《放射性同位素和射线装置安全和防护条例》的规定，生产、销售、使用放射性同位素和射线装置的单位，需提供相应的材料，申请领取许可证。环境保护部（国家核安全局）基本等效采用IAEA的放射源分类法，建立放射源辐射安全监督管理体系。各级环保部门对核技术利用单位执行“两级发证，四级监管”。生产放射性同位素、销售和使用Ⅰ类放射源（医疗使用的除外）、销售（含建造）和使用Ⅰ类射线装置、制备PET用放射性药物、甲级非密封放射性物质工作场所单位的许可证由环境保护部（国家核安全局）审批颁发，其他放射源应用单位的许可证由省级环保部门审批颁发。

（三）其他许可事项

由环境保护部（国家核安全局）审批颁发或核准的许可证件还包括民用核安全设备设计、制造、安装、无损检验许可证，民用核安全设备特殊工艺人员的资格许可，民用核材料活动许可证，放射性固体废物贮存和处置许可证，放射性物品运输及运输容器设计和制造许可等。

第三节　核与辐射安全监督和执法

一、工作依据和职责分工

环境保护部（国家核安全局）机关及地区监督站根据相关核安全法律法规和职责要求，对其负责的核设施、核活动策划并组织实施核与辐射安全监督和执法活动。地区监督站和地方环境保护机构具体承担各项目的监督任务，并接受业务司的指导和监督，核与辐射安全中心提供各领域全面的技术支持。对个别重要监督项目，可同时委托外部技术支持单位或外部技术专家提供支持。

二、目的和适用范围

环境保护部（国家核安全局）通过检查核与辐射安全管理要求和许可证件规定条件的履行情况，督促许可证持有者及时纠正缺陷和异常状态，以及不符合核安全管理要求和许可证件规定条件的事项，必要时可采取强制性措施，以保障核设施、核活动的安全。

核设施的安全监督适用于制造、建造、运行和退役各阶段与核安全有关的全部物项和活动。核技术利用的安全监督适用于影响工作人员、公众和环境核安全、辐射安全的全部物项和活动。检查范围主要是许可证件规定条件中所规定的范围，以及在审批许可证过程中确定需要检查的范围。这种监管活动除对核设施营运单位外，必要时可深入到设计、施工、供货商等有关单位。

三、主要工作内容

环境保护部（国家核安全局）各部门和单位要开展以下工作，以确保安全监督工作的有效实施：

制定和有效实施各类核设施/核活动的安全监督大纲、实施程序和监督检查计划，组织实施现场监督检查，编制相应的监督检查记录和报告等。

监督检查所依据的文件主要包括：

核与辐射安全相关法律、法规、导则及其他指令性文件；

国家标准（GB系列）和有关行业技术标准规范；

国家核安全局发布的监督检查大纲和程序；

核设施/核活动许可证件规定条件；

环境保护部（国家核安全局）审查认可或批准的文件；

核设施/核活动相关技术文件等。

及时通报、评价和跟踪监督中发现的问题，直至得到有效解决。对重要不符合项和事件进行调查和分析，必要时开展专题研讨或专项研究。

对被监管方严重违反核安全法规且未能及时有效处理的事项，可启动执法程序，包括发布书面警告/指令，终止或减少特定的活动，更改、中止或撤销许可证/执照以及罚款等。

制定并有效实施核安全监督员、辐射安全监督员培训大纲，对核与辐射安全监督员进行选拔、培训、考核和资格授权，使之具备所监督领域的知识、经验和能力，并对其工作绩效进行定期评价。

对监督过程和监督工作质量进行检查验证，对外部技术支持单位和外部专家的独立性和监督质量进行定期评价。

建立核与辐射安全监督数据库和管理系统，推进信息化建设，开展内外部信息交流和经验反馈。

四、主要工作方式

环境保护部（国家核安全局）在对各类核设施/核活动执行核与辐射安全监督检查时，主要采用以下方式（以核电厂为例）：

（一）日常监督检查

主要由地区监督站负责。包括现场巡视、文件记录检查、安全重要活动（如安全重要物项的土建安装、调试、维修改造、设计修改等）现场检查、测量或试验、现场对话协调等。

（二）例行监督检查

事先通知的较为正式的监督检查方式。检查组根据检查方案和提问单进行检查，包括查阅资料（大纲程序、记录和报告等）、现场人员座谈、进行现场检查/查勘，必要时进行测量和试验。检查报告通报核设施营运单位，并抄送营运单位主管部门及有关单位等。地区监督站负责跟踪检查报告中所提出各项要求的落实情况，必要时国家核安全局派检查组进行验证。

根据环境保护部（国家核安全局）批准的核设施许可证条件或有关文件要求，在建造、安装、调试和运行阶段选定控制点进行的监督检查。通常包括：基坑验槽、第一罐混凝土浇注（FCD）、冷/热态试验、装料、临界、功率转换/提升等控制点。

（三）非例行监督检查

根据核设施建造、调试、运行阶段的异常情况、核安全相关事件或其他影响安全与质量的突发/意外情况等，由机关业务司或地区监督站提出，可事先通知或不通知，也可包括核安全相关事件的调查。

根据环境保护部（国家核安全局）批准的核设施建造、安装、调试和运行监督大纲的规定，针对重要的安全物项及活动，要事先编制专项核安全检查程序，执行专项核安全监督检查。

五、监督对象

（一）核设施安全监督管理

根据《中华人民共和国民用核设施安全监督管理条例》要求，对核设施的选址、设计、建造、运行和退役必须贯彻安全第一的方针；必须有足够的措施保证质量，保证安全运行，预防核事故，限制可能产生的有害影响；必须保障工作人员、公众和环境不致遭到超过国家规定限值的辐射照射和污染，并将辐射照射和污染减至合理可行尽量低的水平。

核安全监督分为日常、例行和非例行（特殊）监督检查，由环境保护部（国家核安全局）或其派出机构地区监督站组织实施。目的是通过检查核安全管理要求和许可证件规定条件的履行情况，督促营运单位及有关单位及时纠正缺陷和异常状态，以及不符合核安全管理要求和许可证件规定条件的事项，必要时可采取强制性措施，以保障核设施的安全。

（二）民用核安全设备监督管理

根据国务院500号令《民用核安全设备监督管理条例》的要求，国务院核安全监管部门对拟从事民用核安全设备设计、制造、安装和无损检验单位的人员、工作场所、设施和装备、质量保证体系等方面进行评价和验证，满足要求的，方可允许该单位开展民用核安全设备设计、制造、安装和无损检验等活动。

环境保护部（国家核安全局）在核与辐射安全中心设有核安全设备监管技术中心，具体承担许可申请的技术审评以及进口核安全设备的安全检验工作，并接受业务司的指导和监督。华北监督站负责全国民用核安全设备活动的日常监督，持证单位和境外注册登记单位的例行和非例行核安全检查，对重要核安全设备实行驻厂监督。民用核安全设备现场安装活动的日常监督和进口核安全设备检查、试验的现场监督由各地区监督站承担。

环境保护部（国家核安全局）及其所属的检验机构依法对进口的民用核安全设备进行安全检验。安全检验工作主要包括口岸报检放行审查、开箱申报材料审查和开箱检查的监督检查（开箱见证检查）以及安装和装料前调试阶段涉及安全性能试验的见证检查（安全性能检查）。未经安全检验或者经安全检验不合格的进口民用核安全设备，不得在中国境内的民用核设施上运行使用。安全检验合格后，由出入境检验机构进行商品检验。

（三）放射性同位素与射线装置安全监督管理

根据国务院449号令《放射性同位素与射线装置安全和防护条例》的要求，环境保护部（国家核安全局）对全国放射性同位素与射线装置的安全和防护工作实施统一监督管理，县级以上地方人民政府环境保护主管部门对本行政区域内放射性同位素、射线装置的安全和防护工作实施监督管理。

生产、销售、使用放射性同位素和射线装置的单位，应当取得许可证。生产放射性同位素、销售和使用Ⅰ类放射源、销售和使用Ⅰ类射线装置的单位的许可证，由国务院环境保护主管部门审批颁发。除此之外的单位的许可证，由省、自治区、直辖市人民政府环境保护主管部门审批颁发。

各级环保部门按照“国家统一监管、属地各负其责”“两级发证、四级监管”“高风险国家直管、低风险地方负责”“应急属地为主、分级报告响应”等原则，分级承担辐射安全许可证颁发、环境影响评价文件审批（及竣工环保验收）、放射性同位素相关活动审批和备案、辐射工作人员培训和个人剂量监测的监督管理、辐射事故应急和日常监督检查等职责。

（四）核材料管制与放射性物品运输监督管理

根据《中华人民共和国核材料管制条例》（1987年6月15日国务院

发布）第六条，国家核安全局负责民用核材料的安全监督，在核材料管制方面的主要职责是：拟订核材料管制法规；监督民用核材料管制法规的实施；核准核材料许可证。

根据《放射性物品运输安全管理条例》（国务院令第562号）的规定，第四条，国务院核安全监管部门对放射性物品运输的核与辐射安全实施监督管理；第十条，Ⅰ类放射性物品运输容器的设计，应当在首次用于制造前报国务院核安全监管部门审查批准；第十七条，从事Ⅰ类放射性物品运输容器制造活动的单位，应当申请领取Ⅰ类放射性物品运输容器制造许可证；第二十六条，使用境外单位制造的Ⅰ类放射性物品运输容器的，应当在首次使用前报国务院核安全监管部门审查批准；第三十五条，托运Ⅰ类放射性物品的，托运人应当编制放射性物品运输的核与辐射安全分析报告书，报国务院核安全监管部门审查批准；第四十一条，Ⅰ类放射性物品从境外运抵中华人民共和国境内，或者途经中华人民共和国境内运输的，托运人应当编制放射性物品运输的核与辐射安全分析报告书，报国务院核安全监管部门审查批准。

环境保护部（国家核安全局）负责全国民用核材料管制与实物保护的安全监督、放射性物品运输的核与辐射安全监督管理，以保证核材料的安全与合法利用，防止被盗、破坏、丢失、非法转让和非法使用，保护国家和人民群众的安全，保护环境，促进核能、核技术的开发与利用。

环境保护部（国家核安全局）核与辐射安全监管一司、核与辐射安全监管三司分别负责组织制定核材料管理和放射性物品运输标准监督检查大纲，检查要点和主要内容依据核材料管理和放射性物品运输的特性与监管要求展开，主要包括：放射性物品运输容器设计、制造和使用单位的质量保证体系运行情况；对设计、制造和运输过程的控制验证；对运输过程的安全分析；在线监控；辐射水平和个人剂量监测；辐射防护和安全保卫措施；核与辐射事故应急准备与响应；工作人员的安全防护教育培训等。

（五）放射性废物监督管理

根据《中华人民共和国放射性污染防治法》（中华人民共和国主席令第六号）第四十六条，设立专门从事放射性固体废物贮存、处置的单位，必须经国务院环境保护行政主管部门审查批准，取得许可证。根据《中华人民共和国放射性废物管理条例》（国务院令第612号）的规定，国家对放射性废物管理实行安全许可制度、监督检查制度和报告制度、环境影响评价制度、排放许可制度和流出物与环境监测制度。环境保护部（国家核安全局）统一负责全国放射性废物的安全监督管理工作，县级以上地方环境保护主管部门和其他有关部门负责本行政区域的放射性废物的有关管理工作。

中国的放射性废物主要来自于核电厂、研究堆与临界装置、核燃料循环设施、核技术利用和铀（钍）矿资源的开发利用。环境保护部（国家核安全局）针对不同等级的放射性废物，规定了相应的管理要求和监管措施，并会同其他政府部门建立全国放射性废物管理信息系统，实现信息共享。

（六）电磁辐射安全监督管理

根据《电磁辐射环境保护管理办法》（国家环境保护局令第18号）

的规定，国家对电磁辐射的监管范围包括以电磁波形式通过空间传播的能量流，且限于非电离辐射，包括信息传递中的电磁波发射，工业、科学、医疗应用中的电磁辐射及高压送变电中产生的电磁辐射。从事电磁辐射活动的单位和个人建设或者使用《电磁辐射建设项目和设备名录》中所列的电磁辐射建设项目或者设备，必须在建设项目申请立项前或者在购置设备前，向有环境影响报告书（表）审批权的环境保护行政主管部门办理环境保护申报登记手续。

环境保护部（国家核安全局）负责对由国务院或国务院有关部门审批的电磁辐射设施及工程进行环境影响报告文件的审批，负责对这些项目执行环境保护设施与主体工程同时设计、同时施工、同时投产使用（简称“三同时”制度）的情况进行检查并负责竣工验收。

省级环保行政主管部门负责对其他豁免水平以上的电磁辐射建设项目和设备执行监督检查，主要职责包括：环境影响报告文件的审批；负责对该类项目和设备执行环境保护设施“三同时”制度的情况进行检查并负责竣工验收；参与辖区内由国务院环境保护行政主管部门负责的环境影响报告书的审批、环境保护设施“三同时”制度执行情况的检查和项目竣工验收以及项目建成后对环境影响的监督检查；负责对辖区内因电磁辐射活动造成的环境影响实施监督管理和监督性监测。

市级环境保护行政主管部门根据省级环境保护行政主管部门的委托，可承担省级环保行政主管部门全部或部分任务及本辖区内电磁辐射项目和设备的监督性监测和日常监督管理。

（七）铀矿冶及伴生矿辐射环境监督管理

根据《中华人民共和国放射性污染防治法》（中华人民共和国主席令第六号），开发利用或者关闭铀（钍）矿的单位，应当在申请领取采矿许可证或者办理退役审批手续前编制环境影响报告书，报国务院环境保护行政主管部门审查批准。

开发利用伴生放射性矿的单位，应当在申请领取采矿许可证前编制环境影响报告书，报省级以上人民政府环境保护行政主管部门审查批准。

环境保护部（国家核安全局）核与辐射安全监管三司负责组织制定铀矿冶标准监督检查大纲，大纲的框架结构与核设施类似。

第四节　核与辐射安全建设项目环境影响评价审评

一、工作依据和职责分工

根据《中华人民共和国环境影响评价法》（中华人民共和国主席令第七十七号）的规定，对规划和建设项目实施后可能造成的环境影响进行分析、预测和评估，提出预防或者减轻不良环境影响的对策和措施，进行跟踪监测的方法与制度。环境影响评价必须客观、公开、公正，综合考虑规划或者建设项目实施后对各种环境因素及其所构成的生态系统可能造成的影响，为决策提供科学依据。

《中华人民共和国环境影响评价法》第二十二条规定，建设项目的环境影响评价文件，由建设单位按照国务院的规定报有审批权的环境保护行政主管部门审批……；第二十三条规定，国务院环境保护行政主管部门负责审批下列建设项目的环境影响评价文件：（一）核设施等特殊性质的建设项目……。

《中华人民共和国放射性污染防治法》（中华人民共和国主席令第六号）第十八条规定，……在办理核设施选址审批手续前，应当编制环境影响报告书，报国务院环境保护行政主管部门审查批准……；第二十条规定，核设施营运单位应当在申请领取核设施建造、运行许可证和办理退役审批手续前编制环境影响报告书，报国务院环境保护行政主管部门审查批准……；第二十九条规定，生产、销售、使用放射性同位素和加速器、中子发生器以及含放射源的射线装置的单位，应当在申请领取许可证前编制环境影响评价文件，报省、自治区、直辖市人民政府环境保护行政主管部门审查批准；未经批准，有关部门不得颁发许可证。第三十四条规定，开发利用或者关闭铀（钍）矿的单位，应当在申请领取采矿许可证或者办理退役审批手续前编制环境影响报告书，报国务院环境保护行政主管部门审查批准。开发利用伴生放射性矿的单位，应当在申请领取采矿许可证前编制环境影响报告书，报省级以上人民政府环境保护行政主管部门审查批准。

《放射性同位素与射线装置安全和防护管理办法》（环境保护部令第18号）第十四条规定，依法实施退役的生产、使用放射性同位素与射线装置的单位，应当在实施退役前编制环境影响评价文件，报原辐射安全许可证发证机关审查批准；未经批准的，不得实施退役。

核设施运行单位或核技术利用单位负责编制环境影响评价文件，交由环境保护部（国家核安全局）审查认可，并进行公示，征询公众的意见和建议。通过后方可批准发布相应的许可文件。环境保护部（国家核安全局）会同国务院有关部门，组织建立和完善环境影响评价的基础数据库和评价指标体系。

环境保护部（国家核安全局）各业务司在各自分管的监管范围内，负责相应核设施及核技术利用环境影响评价审评工作。核与辐射安全中心等技术支持单位具体承担环境影响评价文件的技术审评工作，接受业务司的指导和监督。

二、主要工作内容

环境保护部（国家核安全局）各部门和单位要开展以下工作，以确保环境影响评价审评工作的有效实施：

制定和有效实施核设施/核活动的标准环境影响评价审评大纲和工作程序，受理审评申请，获取所需资源和审评材料，组织实施技术审评，编制相应的审评文件。

技术审评的主要内容包括：

控制指标；

评价核素；

评价范围；

废物管理与源项分析；

辐射环境质量现状调查与分析；

辐射环境影响分析；

辐射环境管理和辐射监测；

存在问题及改进措施建议等。

与被评审方开展坦诚沟通和对话，澄清不明确事项，回答和解决审评中提出的问题。必要时开展现场调研、专题研讨、专项研究或独立的审核校算。

对环境影响评价审评人员开展专业知识和审评技术的业务培训，使之具备所审评领域的知识、经验和能力，并对其工作绩效进行定期评价。

对环境影响评价审评过程和审评质量进行监督控制，对外部技术支持单位资质和审评质量进行评价和验证。

建立环境影响评价审评数据库和管理系统，推进信息化建设，开展内外部信息交流和经验反馈。

第五节　核与辐射事故应急及辐射环境监测

一、机构和职责

根据《中华人民共和国放射性污染防治法》《中华人民共和国突发事件应对法》《核电厂核事故应急管理条例》《放射性同位素和射线装置安全和防护条例》等法律法规的要求，环境保护部（国家核安全局）负责对核设施和产生重大或特别重大辐射事故的放射源（包括Ⅰ类放射源）应急准备和响应的监管，核设施营运单位应急计划/预案的审批，核与辐射应急响应和事故调查处理等。

根据《中华人民共和国放射性污染防治法》，国家建立放射性污染监测制度。国务院环境保护行政主管部门会同国务院其他有关部门组织环境监测网络，对放射性污染实施监测管理。环境保护部（国家核安全局）负责对全国辐射环境监测工作实施统一监督，会同国务院其他有关部门建立环境监测网络，按照职责分工，组织开展辐射环境监测和核设施、重点辐射源的监督性监测，组织辐射环境监测和对地方环保部门辐射环境管理的督查，并根据需要对其他核设施的流出物实施监测。

环境保护部（国家核安全局）核与辐射安全监管一司是事故应急及辐射环境监测的归口管理部门，各地区监督站具体承担核设施辐射环境管理、核与辐射应急准备工作的日常监督以及事故现场应急响应的监督。环境保护部（国家核安全局）在核与辐射安全中心设有核与辐射应急技术中心，全面承担核与辐射应急日常准备、应急响应等技术支持工作。

二、核与辐射事故应急预案

中国的核事故应急实行三级应急组织体系，即国家核事故应急组织、核设施所在省（自治区、直辖市）核事故应急组织和核设施营运单位的核事故应急组织。国家核应急协调委员会牵头组织制定和实施国家核事故应急预案，环境保护部（国家核安全局）是国家核应急协调委员会成员单位；核设施所在省政府负责组织制定和实施场外应急计划，交由国家应急协调委审批；核设施营运单位负责制定和实施场内应急计划，交由环境保护部（国家核安全局）审批。

环境保护部（国家核安全局）负责组织制定和实施国家辐射事故应急预案，以及重大辐射应急响应和事故调查处理。省级辐射事故应急预案由各省、市环保部门制定和组织实施。环境保护部（国家核安全局）根据所承担的职责，组织制定和实施《环境保护部（国家核安全局）核事故应急预案》和《环境保护部（国家核安全局）辐射事故应急预案》。各级应急计划/预案按规定要求进行编制、审批和定期修改。

环境保护部（国家核安全局）各部门和单位要开展以下工作，以确保核与辐射事故应急工作的有效实施：

制定并有效实施环境保护部（国家核安全局）核与辐射应急预案、环境监测大纲、管理程序和实施程序；

审查核设施营运单位的场内应急计划并监督实施；

编制事故应急及辐射环境监测培训教材，定期开展应急人员培训；

管理和维护应急大厅及监测实验室的设施、设备等基础设施；

开发并维护应急和监测相关信息平台、数据库和分析软件；

定期组织开展核与辐射事故应急演习；

与国家核应急协调委、相关部委、地方环保机构的联络与信息交换；

在环境突发事件下，对核利用设施/装置实施临时管控；

核与辐射事故应急日常管理、准备和值班；

相关文件、资料、记录的收集、整理和保存；

核与辐射事故应急和辐射环境监测信息发布等。

三、辐射环境监测网

中国大陆的辐射环境监测包括中国陆地和领海的区域辐射环境质量监测，核设施、伴有电离或电磁辐射设施周围辐射环境监督性监测及核与辐射设施的事故（事件）预警监测和应急监测。31个省（市、自治区）环境保护局（厅）参与并负责本辖区内的辐射环境监测工作。

（一）辐射环境质量监测

国家辐射环境监测网中的辐射环境质量监测国控点基本覆盖了中国大陆（不包括台湾省）各直辖市、省会城市、主要江河、重要湖泊、重要国际河流和近海海域等重要环境敏感点，监测对象覆盖了空气、水、土壤、生物等环境介质。辐射环境质量的数据主要通过国控点的监测获得，编制并公布全国辐射环境质量年报，主要结论通过全国环境状况公报、环境保护部（国家核安全局）官方网站发布。

（二）辐射环境监督性监测

国家辐射环境监测网承担核电厂及核与辐射设施周围辐射环境的监督性监测工作。环境保护部（国家核安全局）对国家重点监管的五类核与辐射设施设置多个监测点和环境安全预警监测点，在核电厂及其他重要核设施周围设置了辐射环境监督性监测系统，实时监控其辐射环境的变化。根据各监测点源项、平面布置、气象和水文、周围自然环境状况和敏感点的分布，按照《全国辐射环境监测方案（暂行）》和《辐射环境监测技术规范》的要求制定辐射环境监督性监测方案。

（三）应急监测

在核事故应急情况下，核与辐射环境监测责任主要由核设施营运单位和地方核与辐射环境监测部门来承担，由场外（所在省政府）应急委员会进行领导和协调，使相关各方的资源和活动能充分协调，统一行动。环境保护部（国家核安全局）核与辐射事故应急技术中心和辐射环境监测技术中心提供全面的技术支持。

在核事故早期，主要依靠核电厂营运单位的场内应急核与辐射监测资源和力量，负责场区附近的核与辐射监测。在事故后期，由于可能涉及大范围区域内的恢复活动，核与辐射的监测主要依靠场外监测资源和力量。而在事故中期，环境监测由场内、场外双方共同完成。

第六节　核与辐射安全重要人员资质管理

一、管理要求和职责分工

根据国家核与辐射安全相关法律法规的要求，环境保护部（国家核安全局）负责对核与辐射安全重要岗位的从业人员实行资质管理，主要包括：注册核安全工程师；核安全监督员；辐射安全监督员；反应堆操纵员/高级操纵员；焊工和焊接操作工；无损检验人员；辐射工作人员等。

上述重要岗位人员，既包括对从事核与辐射安全监管的人员资质要求，也包括对许可证持有者安全重要岗位人员的资质要求。通过规范人员的选拔、培训、考核和资质管理机制，使核与辐射安全重要岗位人员具备并持续保持必要的核安全文化意识和态度，足够的专业知识、技能和经验。

环境保护部（国家核安全局）核与辐射安全监管一司归口负责核与辐射安全重要岗位从业人员的资质管理，核与辐射安全中心承担相关的技术支持工作。

二、主要工作内容

环境保护部（国家核安全局）各部门和单位要开展以下工作，对核与辐射安全重要人员的资质进行有效管理：

制定和有效实施各类安全重要岗位人员的培训考核大纲、程序和培训计划，定期、分区域地组织开展人员培训、考核、发证、资质管理及复训工作。

选拔、聘任业内富有经验的合格培训教员，开发所需的培训教材和培训试题库，对培训机构提出明确要求并进行资格审查，对培训过程和培训效果进行监督和评价。

建立安全重要岗位人员资质数据库、管理系统和工作平台，推进信息化建设，开展内外部信息交流和经验反馈，不断改进培训工作。

第五章 展望

第一节　中国核安全观

在2014年6月召开的中央财经领导小组第六次会议上，习近平总书记针对我国能源安全战略指出，能源安全是关系国家经济社会发展的全局性、战略性问题，对国家繁荣发展、人民生活改善、社会长治久安至关重要。面对能源供需格局新变化、国际能源发展新趋势，保障国家能源安全必须推动能源生产和消费革命。要着力发展非煤能源，形成煤、油、气、核、新能源、可再生能源多轮驱动的能源供应体系。

根据核电中长期发展规划，到2020年，我国运行核电机组装机容量将达到5 800万千瓦，在建机组装机容量3 000万千瓦，核电机组将达到近百台，位列世界第二。

2014年3月，习近平主席在第三届核安全峰会上的主旨发言中表示："中国一向把核安全工作放在和平利用核能事业的首要位置，按照最严格标准对核材料和核设施实施管理"，并明确提出了"发展与安全并重、权利与义务并重、自主与协作并重、治标与治本并重"的中国核安全观。

为确保安全发展核电，必须以核安全观为指引，坚持“安全第一，质量第一”的根本方针，落实“四个并重”的指导思想，推动核电技术提升，加强安全监管。

发展与安全并重，协调同步促进健康发展。发展与安全并重，核心思想就是要避免回到“重发展、轻安全”的老路，要走好这条“重发展、重安全”的新路。两个“重”，并重。对核安全工作而言，就是要坚持“安全第一，质量第一”的根本方针不动摇，坚持“稳就是快，慢就是快”“严格监管就是对被监管者最大的支持”这些基本理念不动摇。

权利与义务并重，落实责任严格监督管理。权利与义务并重，核心思想就是要落实责任，构筑人人都是安全关的防御体系。营运单位要担负起核安全首要责任，分包商要担负起相应的安全责任。国家核安全局要担负起监管责任，通过立法、许可、检查、执法、应急这些关键环节，把好关，把监管责任落实到位。

自主与协作并重，提升能力参与全球治理。自主与协作并重，核心思想就是共享经验，全面提升核安全水平。国内层面要加强协作，不仅监管系统内的信息要加强共享，核工业界各企事业单位之间也要加强资源共享，加强联合攻关，共同提高国家核心实力。国际层面要加强国家间的合作，共同提高全球的核安全水平，让核能发挥更大的作用来造福全人类。

治标与治本并重，解决体制机制关键问题。治标与治本并重，核心思想就是要透过现象看本质，建立安全长效机制。既要做好正在开展的各项安全审评、安全改进，又要查找深层次的问题，消除体制机制障碍，提高全员的安全素养，为总体的核安全水平持续提高打下基础、留下后劲。

第二节 实现监管体系和监管能力两个现代化

十八届三中全会提出全面深化改革的总目标是完善和发展中国特色社会主义制度、推进国家治理体系和治理能力的现代化。习总书记在2015年2月的省部级专题研究班上专门就“两个现代化”做了系统的阐述。

作为国家治理体系和治理能力的重要组成部分，实现由核大国向核强国的跨越式发展，核与辐射安全监管被赋予了更加重大的历史使命，承载了越发重要的社会责任。

习近平主席指出，中国将坚定不移地增强自身的核安全能力，继续致力于加强核安全政府监管能力的建设，加大核安全技术研发和人力资源投入的力度，坚持培育和发展核安全文化。

“两个现代化”的要求和核安全具体领域的要求，明确了核安全监管工作的历史任务，就是要尽快实现核安全监管体系和监管能力的现代化。

实现监管体系和监管能力两个现代化是解决当前制约我国核事业健康发展瓶颈的基本要求，也是政府加强社会管理能力的要求，更是确保国家安全战略、大政方针有效落实的要求。

什么是现代化呢？现代化就是符合社会的基本规律，符合历史的发展要求和方向。对核与辐射安全监管来说，大的方面就是实现监管活动的法制化和规范化，具体讲就是实现法规体系健全、机构队伍完整、技术能力强大、思想认识到位。

要实现核安全监管两个现代化，一方面要提升能力，不断夯实核安全监管四块基石。一要夯实法规制度基石。抓紧制定《核安全法》，完善以《原子能法》《核安全法》和《放射性污染防治法》为统领的核领域法律顶层设计。二要夯实机构队伍基石。三要夯实技术能力基石。建设核与辐射安全监管技术研发基地，形成独立分析和试验验证、信息共享、交流培训三大平台。四要夯实精神文化基石。坚持理性、协调、并进的核安全观，倡导和培育科学、理性的全社会核安全文化。另一方面，要强化手段，着力构筑核安全监管八项支撑。一是审评许可支撑，二是监督执法支撑，三是辐射监测支撑，四是事故应急支撑，五是经验反馈支撑，六是技术研发支撑，七是公众沟通支撑，八是国际合作支撑——这八项支撑必须稳固，才能确保核安全监管大厦坚不可摧。

第三节　核安全是实现生态文明的有力支点

“全面建成小康社会、全面深化改革、全面依法治国、全面从严治党”是以习近平同志为总书记的党中央从坚持和发展中国特色社会主义全局出发提出的战略布局，是党中央治国理政的总方略，是实现“两个一百年”奋斗目标、走向中华民族伟大复兴中国梦的“路线图”。

其中，全面建成小康社会是实现社会主义现代化和中华民族伟大复兴中国梦的阶段性战略目标，是现阶段党和国家事业发展的战略统领。

而建设生态文明，基本形成节约能源资源和保护生态环境的产业结构、增长方式、消费模式。循环经济形成较大规模，可再生能源比重显著上升。主要污染物排放得到有效控制，生态环境质量明显改善是全面建设小康社会的关键点之一。

近年来，雾霾等空气污染对公众健康造成了极大影响，公众治理空气污染、让天更蓝水更清的呼声不断高涨。

核安全对生态安全的作用体现在促进正效应和防止负效应两个方面。促进正效应是指在保证核安全的前提下充分发挥核电在污染物总量减排中的作用。以辽宁省为例，其2013年全省燃煤电厂SO_2和NO_X的排放强度分别为2.17 g/(kW·h)和2.39 g/(kW·h)。据此，一台百万kW核电机组年减排二氧化硫1.69万t，氮氧化物1.86万t，分别相当于辽宁省2013年减排总量的53.3%和23.0%，可见，核电在生态环境保护中的作用是非常巨大的。防止负效应是指核电厂按照纵深防御原则，建立多道实体安全屏障和多层次的安全保护系统，使核电厂保持正常运行状态，预防核事故的发生，并在一旦发生时缓解其后果，从而减少核事故对生态系统的冲击。

安全发展核能是落实“四个全面”战略，建设生态文明的现实选择。要改变煤炭在我国一次能源消费总量中占比过高的现状，让核电在能源结构优化中发挥更重要的作用。安全发展核能是“四个全面”战略布局的有力支撑，核安全是实现生态文明的有力支点。

参考文献

[1] 国务院批复《核安全与放射性污染防治“十二五”规划及2020年远景目标》. [EB/OL]. http://haq.mep.gov.cn/gzdt/201210/t20121016_238421.htm

[2]《中国核与辐射安全监管30年（1984—2014）》编委会. 中国核与辐射安全监管30年（1984—2014）[M]. 北京：中国原子能出版社，2014.

[3] 核与辐射安全监管综合管理体系手册（2015年版）. 环境保护部（国家核安全局）, 2015年10月.

[4] 习近平主持召开中央财经领导小组会议. http://www.nea.gov.cn/2014-06/17/c_133413362.htm

[5] 习近平在荷兰海牙核安全峰会上的讲话（全文）http://www.chinanews.com/gn/2014/03-25/5992757.shtml

[6] 习近平：主动把握和积极适应经济发展新常态 推动改革开放和现代化建设迈上新台阶http://news.12371.cn/2014/12/14/ARTI1418566556252624.shtml

[7] 刘华：核安全是国家安全的重要组成部分http://www.qstheory.cn/laigao/2014-07/06/c_1111474398.htm